RÉPUBLIQUE FRANÇAISE

MINISTÈRE DE L'AGRICULTURE

ADMINISTRATION DES EAUX ET FORÊTS

EXPOSITION UNIVERSELLE INTERNATIONALE DE 1900

À PARIS

RESTAURATION ET CONSERVATION DES TERRAINS EN MONTAGNE

CONSOLIDATION DES BERGES PAR DÉRIVATION D'UN TORRENT

(TORRENT DE SAINT-JULIEN)

PAR M. MOUGIN

INSPECTEUR ADJOINT DES EAUX ET FORÊTS, CHEF DE SERVICE

PARIS

IMPRIMERIE NATIONALE

MDCCCC

RESTAURATION ET CONSERVATION

DES TERRAINS EN MONTAGNE

CONSOLIDATION DES BERGES

PAR DÉRIVATION D'UN TORRENT

(TORRENT DE SAINT-JULIEN)

RÉPUBLIQUE FRANÇAISE

MINISTÈRE DE L'AGRICULTURE

ADMINISTRATION DES EAUX ET FORÊTS

EXPOSITION UNIVERSELLE INTERNATIONALE DE 1900

À PARIS

RESTAURATION ET CONSERVATION
DES TERRAINS EN MONTAGNE

CONSOLIDATION DES BERGES
PAR DÉRIVATION D'UN TORRENT
(TORRENT DE SAINT-JULIEN)

PAR M. MOUGIN

INSPECTEUR ADJOINT DES EAUX ET FORÊTS, CHEF DE SERVICE

PARIS

IMPRIMERIE NATIONALE

MDCCCC

RESTAURATION ET CONSERVATION
DES TERRAINS EN MONTAGNE.

CONSOLIDATION DES BERGES
PAR DÉRIVATION D'UN TORRENT
(TORRENT DE SAINT-JULIEN).

CHAPITRE PREMIER.
STATISTIQUE ET RENSEIGNEMENTS GÉNÉRAUX.

Situation géographique. — Le torrent de Saint-Julien se trouve dans le bassin du Rhône; c'est un affluent de la rive droite de l'Arc, qui, lui-même, se jette dans l'Isère, à Chamousset. Il est tout entier situé dans le département de la Savoie, arrondissement de Saint-Jean-de-Maurienne. Sur la plus grande partie de son cours, il sépare les communes de Saint-Julien et de Montdenis.

Il prend sa source à la pointe du Vallon, à la crête même de l'arête qui sépare la Maurienne de la Tarentaise, à l'altitude de 2,787 mètres. Sa direction générale est du nord au sud. Il se jette dans l'Arc, à 6 kilomètres environ en amont de Saint-Jean-de-Maurienne, en face du hameau du Bouchet, après un parcours total de 10 kilomètres, à 601 mètres au-dessus du niveau de la mer.

L'ensemble du bassin se présente sous la forme d'un vaste U ouvert au sud; il est limité, à l'est, par la crête des Encombres allant de la Croix des Têtes au Perron des Encombres; au nord, par l'arête de la chaîne de partage des eaux entre l'Arc et la haute Isère, marquée par le col du Porcher, les Roches-Noires (2,800 mètres) et la pointe du Vallon; à l'ouest, par un puissant contrefort se dirigeant de la pointe du Vallon vers le village de Villarclément.

Description géologique. — D'une façon générale, on peut dire que tout le versant de la rive droite qui constitue le territoire de Montdenis appartient au flysch. Au contraire, la rive gauche présente une succession d'étages que le soulèvement de la chaîne des Encombres a fait affleurer dans l'ordre suivant : au sommet, un banc de lias calcaire avec des gypses, facilement reconnaissables à leur couleur jaunâtre, puis, à mi-côte, des schistes liasiques très tendres et désagrégeables, de nouveau un affleurement calcaire liasique, enfin une couche de gypses du trias.

En plusieurs endroits, des boues glaciaires recouvrent le sous-sol, notamment en amont du hameau des Essarts (Exar sur la carte d'état-major), et vers Barbole à la hauteur du Perron des Encombres.

Il est facile de prévoir que, sur des terrains aussi peu consistants, les agents atmosphériques doivent exercer une action considérable et constituer un facteur important de la torrentialité du ruisseau de Saint-Julien.

L'exposition des versants, la raideur excessive des pentes, sans parler de l'intervention néfaste de l'homme, sont venues aussi contribuer à faire du torrent de Saint-Julien un des plus dangereux cours d'eau de la région.

État actuel du torrent. — Le bassin de réception forme un vaste entonnoir limité par la pointe du Vallon, par les Roches-Noires et le col du Porcher. L'altitude de cette crête oscille entre 2,300 et 2,800 mètres; le fond de l'entonnoir, à 2,050 mètres, est occupé par un petit chenal creusé entièrement dans le roc, embarrassé de blocs énormes, et aboutissant par une gorge extrêmement resserrée et contournée à une cascade infranchissable.

Dans tout ce cirque, on aperçoit à peine quelques petites taches de gazon; partout le schiste dénudé offre une succession d'arêtes escarpées et de ravins arides.

Sous l'action combinée du gel, du dégel et de la chaleur solaire, très forte sur un versant exposé en plein sud, la roche s'effrite en petites plaquettes qu'un coup de vent suffit à précipiter vers les thalwegs, et qui, diluées par l'eau, peuvent donner une bouillie noire très dense. Mais, malgré la nature du sol, malgré l'influence dissolvante des agents atmosphériques, la désagrégation est relativement lente; ce n'est pas par ses laves que le bassin de réception est fort dangereux. Dépouillées presque complètement de toute végétation, situées dans une région où les orages sont fréquents et d'une violence extrême, ces grandes pentes laissent ruisseler les eaux vers les thalwegs avec une rapidité considérable, et permettent ainsi la formation subite d'une crue d'un volume et d'une puissance incalculables.

Au sortir du bassin de réception, le torrent de Saint-Julien pénètre dans un très long canal d'écoulement où il ne fait que très peu de dommages. Dans cette même région, on remarque quelques berges en éboulement, mais le mal est très localisé et ne s'étend pas très loin. Le versant de rive droite présente bien, en amont de la baraque forestière de Barbole, quelques surfaces trop humides en glissement, et, en aval, une rive dénudée et ravinée, mais, en général, il offre l'aspect de belles pelouses que les habitants de Montdenis fauchent, ou font pâturer par leurs bestiaux.

Au contraire, tout le pan de montagne qui part de la crête du Perron des Encombres a des pentes excessives. Couronné par un banc rocheux dépouillé de toute végétation, d'où sortent de nombreuses pyramides de gypse, il donne naissance à une série de ravins parfois très profonds, contribuant largement, en suite d'orages ou à la fonte des neiges, à augmenter le volume d'eau du torrent principal et à lui fournir aussi quelques menus matériaux.

Les ravins de Chamousset, de l'Aiguille, de Glézy et des Essarts sont les plus importants de ces affluents, qui enserrent entre eux de longues langues de prés et des peuplements forestiers très bien venants.

Il convient aussi de mentionner deux surfaces complètement dénudées, constituées par des boues glaciaires, et qui sont l'objet d'un décapage incessant; elles se trouvent à proximité des bornes 33 à 43 de la série de Saint-Julien.

Ces combes et ces ravins fournissent des graviers et des terres que le Saint-Julien charrie lors des crues, mais qui seraient insuffisants à eux seuls à donner à ce cours d'eau son caractère torrentiel Quelques barrages rustiques, des drains avec des garnissages auront vite raison de ces menues plaies, sur lesquelles il n'y a pas à insister.

Mais si, en descendant le thalweg principal, on dépasse le confluent du ruisseau de la Biaillère, on voit le Saint-Julien pénétrer dans un banc rocheux où il s'est creusé un chenal très tortueux, très étroit, et entrecoupé de cascades; puis, brusquement, sur la rive droite, le roc cesse et les eaux du torrent abordent normalement le versant sur lequel est bâti le village de Montdenis. Les filets liquides, repoussés par la masse des terrains, en suivent constamment le pied sur une longueur de 257 mètres, tout en contournant l'éperon de schiste ardoisier qui constitue la berge gauche entre les points 66 et 54 du profil en long.

L'éboulement de Montdenis. — Or la différence de niveau entre les deux points est actuellement d'environ 82 mètres, c'est-à-dire que le lit a une inclinaison moyenne d'à peu près 32 p. 100. Il est bien évident qu'étant donnés la direction du torrent, son volume parfois énorme, la raideur des pentes, il devait se produire un affouillement considérable.

Attaqué directement, rongé le long de sa base, tout le versant de Montdenis s'éboulait par morceaux successifs et disparaissait entraîné par le torrent. Par suite d'une imprévoyance singulière des habitants de Montdenis, un peuplement de pins sylvestres, qui aurait pu, non pas enrayer, mais au moins ralentir le glissement du sol, fut complètement exploité en 1888. Les moutons, les chèvres et quelques vaches lâchées au premier printemps ou à l'arrière-automne dans cette friche bien exposée au soleil, eurent vite fait d'abroutir les jeunes semis et les arbustes qui eussent pu remplacer le bois disparu.

Dès lors, les tassements du terrain augmentèrent d'intensité; le chemin de Montdenis à Villarclément s'affaissa tellement, qu'on fut obligé de l'abandonner. Il forme aujourd'hui la limite des terrains domaniaux. Le nouveau chemin, établi horizontalement au-dessus de l'ancien, présente déjà des dénivellations considérables.

Bien plus, les maisons de Montdenis les plus proches de l'éboulement commencèrent à se lézarder en plusieurs endroits; les murs perdirent leur verticalité. Le clocher même de l'église se fendit et s'inclina vers la vallée. C'était à bref délai la perte du village tout entier.

Comme si ce n'était pas assez du torrent de Saint-Julien pour déterminer le mouvement du versant, il se trouva que le sol était complètement imprégné d'eau. Le ruisseau de la Biaillère, coulant dans les prairies situées au nord-ouest et en amont de Montdenis, se perdait complètement dans ces terrains très meubles, pour reparaître en sources abondantes au milieu même de l'éboulement. Cet excès de liquide, imbibant la masse, et la diluant sans cesse, lui enlevait de sa cohésion et diminuait encore sa pente d'équilibre.

Une fois chargé des pierres et des limons arrachés à cette berge droite, le torrent pénètre à nouveau dans un défilé rocheux très profond, bordé de falaises noires, dominant le lit de plus de 300 mètres. D'abord très étroite, cette gorge va s'élargissant de plus en plus jusqu'à 300 mètres en amont du village de Saint-Julien, où se trouve le sommet du cône de déjections.

Le cône de déjections. — Le cône de déjections a une étendue de 140 hectares; il se relie à l'est au cône du torrent de Claret, et il s'étend à l'ouest jusqu'au village de Villarclément. Son développement le long de l'Arc est de 2,500 mètres environ. La route nationale n° 6, de Paris en Italie, le côtoie sur une bonne partie de sa longueur, et la berge à pic du cône au-dessous de Villarclément permet de se faire une idée de l'énorme quantité de matériaux déposés. Par les assises de gros blocs faisant saillie, on pourrait presque compter les laves terribles qui les ont transportés.

Ces terres de transport, très fertiles, ont naturellement été mises très rapidement en valeur, et aujourd'hui presque toute la surface est couverte de vignes réputées dans le pays, de vergers et d'enclos dépendant du village.

Mais comme le torrent n'a jamais cessé de charrier et d'exhausser le cône, les habitants de Saint-Julien ont cherché à se protéger contre les incursions de leur redoutable voisin. Ils ont élevé des digues pour garantir aussi bien les maisons que les cultures; mais il est arrivé que le lit s'est élevé à un niveau bien supérieur à celui de l'agglomération du bourg (c'est ainsi que l'on désigne dans le pays le chef-lieu de la commune), et que par suite toute crue peut occasionner les plus grands désastres.

Nécessité de corriger le torrent de Saint-Julien. — S'il était nécessaire de protéger des intérêts locaux considérables, il était plus urgent encore de garantir la route nationale n° 6, de Paris en Italie, et le chemin de fer du Rhône au Mont-Cenis. Pendant longtemps, ces voies ont été les seules utilisées pour aller de France en Italie, et il importait de ne pas laisser entraver l'énorme trafic qui se faisait par Modane et par Lans-le-Bourg.

Malgré le percement du tunnel du Saint-Gothard, ces considérations commerciales n'ont pas perdu de leur importance, et d'autres éléments sont entrés en jeu, qui ne sont pas négligeables.

La ville de Modane, tête française de la galerie souterraine du Fréjus, a été fortifiée; c'est une base d'opérations pour les troupes qui opéreront dans la Maurienne; d'autre part, la route du Galibier a été ouverte dans un but stratégique et met en communication Briançon avec Modane et avec la basse Maurienne. Or, qu'adviendrait-il si, au moment d'une mobilisation, une lave d'un torrent, tel que le Saint-Julien, venait couper les routes et la voie ferrée, et séparer du reste de la France la haute vallée de l'Arc? Quelles ne seraient pas les conséquences d'un pareil accident? Ce ne sont malheureusement pas là de simples suppositions, et l'historique des crues montrerait assez quels troubles ont déjà causé les laves du torrent de Saint-Julien.

Enfin, les apports incessants de matériaux, parfois en quantité très considérable, influent d'une façon fâcheuse sur le régime de l'Arc et, partant, sur celui de l'Isère et sur celui du Rhône. Les terres, les graviers déversés dans les rivières se déposent dans les larges vallées plates, comme celle du Grésivaudan, où la pente est trop réduite pour que les eaux puissent les entraîner. Le fond du lit s'exhausse peu à peu, la rivière divague, ronge les rives, et emporte des cultures considérables, ou les recouvre de sable et de galets. Si le cours d'eau est endigué, le même phénomène se produit; souvent le fond du chenal se relève, dépasse le niveau de la plaine environnante, et si les vignes, les champs ne sont plus engravés, ils sont menacés d'une submersion complète par suite des infiltrations. Dans la seule vallée du Grésivaudan, en aval du pont Royal, situé au confluent de l'Arc et de l'Isère, des propriétés d'une valeur estimative de 66 millions sont devenues ainsi complètement stériles.

Supprimer les apports en masse de matériaux arrachés à la montagne par le torrent de Saint-Julien, c'est permettre, au moins partiellement, à l'Arc et à l'Isère de creuser leur lit, de charrier plus loin les dépôts qui les obstruent, de drainer naturellement par le sous-sol les cultures avoisinantes et de rendre à la production des terres jadis inutilisables.

CHAPITRE II.

DES MOYENS DE CORRECTION À APPLIQUER DANS LE TORRENT DE SAINT-JULIEN.

Sous la pression d'un versant tout entier de montagne, aucun barrage n'eût pu résister dans la section du torrent correspondant à l'éboulement de Montdenis. Dans le torrent de Saint-Martin-la-Porte, dans celui du Nant-Trouble à Ugines, où le thalweg n'est pas dominé par des masses escarpées de 600 mètres de hauteur, les moellons du parement aval de barrages, construits dans des conditions particulières de solidité, sont brisés ou chassés de leur alvéole par la poussée des berges. Au Saint-Julien, on pouvait donc, sans être taxé d'exagération, affirmer que toute maçonnerie établie en travers du lit eût été inévitablement écrasée ou disloquée en fort peu de temps.

En supposant même que les seuils projetés eussent été capables de résister aux pressions latérales, que, par suite, tout affouillement, tant latéral que longitudinal, eût cessé, toute la correction n'eût pas manqué d'être recouverte par un amas de terres et de boues provenant de l'éboulement de Montdenis.

Le torrent eût alors attaqué énergiquement cette masse de boue et creusé à nouveau son lit jusqu'au niveau des seuils, en rendant à sa berge droite une pente se rapprochant de la verticale.

Enfin, détail matériel, non sans importance, il ne se trouvait dans l'éboulement de Montdenis que fort peu de pierres de bonne qualité pouvant servir à la construction d'ouvrages en maçonnerie.

La conclusion naturelle de ces différentes observations était l'abandon de la correction au moyen de barrages. Il ne restait plus dès lors qu'à dériver le torrent par la berge gauche.

Théoriquement, cette opération pouvait se réaliser par deux méthodes : par un canal en encorbellement dans la falaise rocheuse ou par un tunnel.

Sans doute, l'ouverture d'un encorbellement présente beaucoup de facilités dans l'exécution ; le travail se fait, en effet, à la lumière du jour; il peut être attaqué en des points divers. On évite l'inconvénient d'avoir une atmosphère confinée, où la fumée si nuisible des explosifs persiste fort longtemps, et risque d'incommoder sérieusement les ouvriers. Enfin, il est possible de réduire considérablement le délai d'exécution.

Mais, au Saint-Julien, l'ouverture d'un encorbellement offrait des difficultés toutes particulières, et paraissait devoir être plus dispendieux que ne le serait un tunnel.

En effet, la face extérieure de la falaise rocheuse est très désagrégée; partout on aperçoit de nombreuses fissures que le dégel de chaque printemps augmente, jusqu'à ce qu'enfin survienne un éboulement de la paroi qui met à nu une nouvelle surface.

Il eût donc fallu pénétrer assez avant dans la montagne, afin d'établir l'encorbellement dans un roc absolument sain ; mais on n'eût pu éviter les effondrements de la voûte schisteuse, qui n'aurait eu d'appui que du seul côté de la montagne. On ne pouvait songer à établir des piliers sur le bord externe, puisque la surface de l'escarpement s'éboule et se fendille progressivement.

Ensuite, cette dérivation ne pouvait être, à l'amont, fort élevée au-dessus du torrent. N'était-il pas à craindre qu'un tassement de la berge opposée ne vînt obstruer et envahir le canal de dérivation, et rejeter les eaux au milieu de ces terres qu'on voulait protéger?

Le glissement en masse du 6 avril 1897 est venu donner la plus entière confirmation à cette hypothèse. Au point du profil en long où il eût été possible d'établir l'origine amont du chenal, à l'abri du transport direct des matériaux de l'éboulement de Montdenis, le thalweg a été relevé de 3 m. 98, tandis que, plus bas, il s'est trouvé remonté, en maint endroit, de plus de 20 mètres (27 m. 97 au point 54).

Mais, en faisant même abstraction de ces dangers, il semblait difficile d'ouvrir un passage à des eaux animées d'une grande vitesse en suivant une ligne présentant d'aussi brusques contours que la paroi rocheuse qui constituait la rive gauche du torrent. La forme générale de cette paroi est celle du Σ, dont les angles saillants très peu ouverts eussent pu, par suite d'un phénomène de dénivellation de la surface liquide, précipiter par-dessus les bords une partie du torrent.

Enfin, la longueur qu'aurait eue un encorbellement eût été, au minimum, de 395 mètres.

Un tunnel, percé dans le massif, ne présentait ni les mêmes dangers, ni les mêmes inconvénients. Les éboulements, s'il s'en produisait, n'auraient pas pour effet d'ouvrir un passage aux eaux et de les lancer à nouveau dans leur ancien lit. Dans les carrières d'ardoises ouvertes de chaque côté du torrent, dans les mêmes bancs, on n'a eu jusqu'à présent aucun exemple d'un effondrement de la voûte.

Devant être ouvert obliquement aux stratifications, le tunnel ne devait exiger aucun pilier, aucun contrefort.

Ce mode de dérivation supprimait également le danger de voir les eaux, lors des fortes crues, franchir les bords du chenal et se précipiter au milieu des terres.

On pouvait objecter le danger des obstructions dans une galerie et la difficulté qu'il y aurait de rétablir l'écoulement.

Mais d'abord il fut constaté qu'on ne risquait aucunement de voir des pièces de bois un peu longues venir barrer l'ouverture amont du tunnel, grâce, en effet, à une double boucle que le torrent décrit dans un banc de rochers. Grâce aussi au peu de largeur de son lit et aux cascades qu'il forme, des pièces de bois de 10 mètres de longueur n'eussent pu franchir ces gorges.

Il était également peu à craindre de voir de gros blocs s'introduire dans le souterrain et le boucher. Plus de 75 p. 100 des matériaux charriés par le Saint-Julien proviennent de l'éboulement de Montdenis, et toutes les pierres de dimensions un peu considérables ne se rencontrent dans le thalweg qu'à l'aval de cet éboulement, la partie haute du bassin ne donnant que de l'eau, des boues et des graviers.

Enfin, pour rendre chimérique toute crainte d'un amoncellement de matériaux dans l'intérieur, on pouvait donner au tunnel une pente de 20 p. 100 et plus. Avec une pareille inclinaison et sous la pression d'une colonne d'eau extrêmement puissante, quelle barrière eût pu résister ?

Grâce à cette forte déclivité, le curage du chenal se ferait sans l'aide de l'homme, tandis qu'on n'en pourrait dire autant dans le cas d'un encorbellement dont la pente serait forcément assez faible, afin d'essayer de le maintenir en dehors de l'atteinte des terres boueuses de Montdenis.

Enfin, le percement, fait entièrement dans le roc vif et non désagrégé, ne donnait pas, comme cela aurait eu lieu en pratiquant un encorbellement, un cube de déblai supérieur à celui réellement nécessaire pour assurer la dérivation du torrent. La longueur de la galerie ne devait pas dépasser 202 mètres.

Restait à déterminer la section.

Il fallait pour cela connaître le débit maximum du torrent.

Les mensurations faites en 1880 ont donné les résultats suivants, par seconde :

Eaux ordinaires.	0^{m3},589
Eaux d'étiage	0 236
Grandes eaux.	13 748

Ce dernier chiffre est manifestement trop faible; en 1872, le torrent a enlevé le pont de Saint-Julien. En cet endroit, le lit, enserré entre deux digues longitudinales distantes de 14 mètres, a une pente de 8 p. 100; les eaux se sont élevées à 4 mètres environ, couvrant donc une section d'au moins 56 mètres carrés.

En supposant la section constante, la pente uniforme, et en appliquant la formule de Prony :

$$v = 56,86\sqrt{RI} - 0,072,$$
$$Q = Sv,$$

où R représente le rayon moyen;

I, la pente par mètre;

Q, le volume d'eau écoulé par seconde;

S, la section du cours d'eau;

v, la vitesse moyenne d'écoulement;

on trouve les valeurs suivantes :

$$v = 25,587,$$
$$Q = 1437^{m3}.$$

Si, maintenant, on adopte pour section du tunnel celle d'une galerie de chemin de fer à deux voies, soit 44 mètres carrés, et comme pente 20 p. 100, et que l'on suppose le souterrain complètement rempli, on aura, en appliquant la formule de Prony, relative aux tuyaux de conduite,

$$v = 53,58\sqrt{\frac{DI}{4}} - 0,025,$$

où D représente le diamètre intérieur, soit :

$$2\sqrt{\frac{44}{11}} = 7,485,$$
$$v = 32^{m},777,$$
$$Q = Sv = 1442^{m3}.$$

En 1872, le torrent roulait une lave. Or, on sait, d'après les observations faites depuis de nombreuses années dans les Alpes, qu'une lave transporte aisément un volume de terre et de blocs de trois à quatre fois supérieur à son volume liquide. Si l'on admet qu'en 1872 il y avait égalité entre le volume de l'eau et celui des matériaux charriés, la quantité d'eau claire écoulée n'aurait été que de 721 mètres cubes par seconde.

Par suite, en fixant à 44 mètres carrés la section du tunnel, on se trouve avoir la possibilité de débiter une masse liquide énorme équivalente au double du volume de l'Arc, lors des grandes eaux.

Pour empêcher le torrent de suivre son ancien lit, il suffisait d'un fort barrage en maçonnerie pleine, encastré solidement dans les rocs qui bordent à droite et à gauche la gorge vers le point n° 67 du profil en long. Le couronnement de cet ouvrage, dans le cas fort improbable où le Saint-Julien arriverait à remplir complètement le tunnel, devait être à un niveau supérieur à celui de la galerie à l'amont. Une hauteur de maçonnerie de 0 m. 50 au-dessus du sommet de la voûte, éloignée de 12 mètres, empêchera les remous de franchir le barrage et de venir délayer à nouveau le pied de l'éboulement de Montdenis.

Dans le choix de la forme qu'il convenait de donner à la galerie, il a été tenu compte des observations suivantes :

Le massif rocheux à percer étant de nature schisteuse, on ne pouvait faire une galerie de grande largeur. D'ailleurs, dans les exploitations des ardoisières, il est interdit de laisser des vides de plus de 8 mètres de portée sans pilier pour soutenir le plafond. On a donc adopté une largeur de 7 mètres.

Comme on n'avait aucun avantage à laisser au plafond l'inclinaison des couches, la forme circulaire fut adoptée et le rayon se trouva être de $\frac{7}{2} = 3{,}50$. Des pieds-droits de 3 mètres de hauteur, avec un fruit de 10 p. 100, relièrent la voûte à la cuvette où les eaux moyennes ordinaires devaient s'écouler.

Il fut décidé que le fond de cette cuvette serait horizontal, de manière que les filets liquides ne puissent, en coulant constamment suivant la même génératrice du cylindre formé par la galerie, se creuser une rigole qui irait toujours en s'approfondissant. La profondeur de la cuvette fut choisie de 1 mètre. Des raccords en arc de cercle de 1 mètre de rayon relièrent le fond de la cuvette aux pieds-droits. Enfin, pour faciliter le curage du chenal, opérer les divers travaux d'entretien qui seraient reconnus nécessaires, on décida de ménager sur la rive droite du chenal un trottoir latéral de 1 mètre de largeur, avec une pente de 20 p. 100, à 1 mètre au-dessus du fond.

CHAPITRE III.

EXÉCUTION DE LA GALERIE DE DÉRIVATION.

Pour pouvoir faire des études complètes, examiner de près la roche dans laquelle devait être percée la galerie, et pour permettre aussi d'accéder aisément aux points de la falaise où devaient s'ouvrir les orifices amont et aval, il était nécessaire qu'un chemin fût établi dans la gorge, parallèlement au torrent.

Un vieux sentier d'ardoisiers conduisait sur la rive droite jusqu'à l'entrée de cette gorge, et s'arrêtait à un à-pic. Aussi, dès 1891, l'Administration des eaux et forêts fit-elle exécuter un chemin muletier de 2 mètres de largeur et de 15 p. 100 de pente, en prolongement de l'ancien sentier, qui après avoir franchi deux énormes bancs de rocher complètement à pic, traversa, sur une passerelle en bois, le lit du Saint-Julien immédiatement au pied de l'éboulement de Montdenis, vers le point 55 du profil en long. Sur la rive gauche, le chemin nouveau revenait vers le sud, complètement en encorbellement jusqu'à un pli de la falaise où le tunnel est venu ensuite déboucher, puis le tracé remontait toujours parallèlement au torrent jusqu'au point où se trouve actuellement la baraque forestière. La longueur de ce chemin est de 1,144 mètres.

L'ouverture de ce chemin permit de reconnaître très exactement la nature de la roche : les schistes ardoisiers, en couches plus ou moins puissantes, mais ne dépassant guère 3 mètres d'épaisseur, étaient séparés par des bancs extrêmement durs de grès, appelé *gressard* par les gens du pays. Sous l'action des agents atmosphériques, les parties extérieures de la falaise étaient profondément fissurées et désagrégées; mais à une profondeur variable, de 3 à 4 mètres au plus, se trouvait le roc sain, bien compact.

Les diverses galeries d'exploitation des filons ardoisiers les plus voisins donnaient des indications semblables, toutes favorables à l'établissement d'une dérivation souterraine.

Néanmoins, comme les terrains périmétrés n'appartenaient pas encore à l'État, on dut attendre que les propriétaires les eussent cédés amiablement. Cette acquisition n'eut lieu qu'en 1894. Toute la période de temps comprise entre 1891 et 1894 ne fut pas perdue : on l'employa à des études nombreuses, tant dans les ardoisières que dans le lit même du Saint-Julien, qui permirent de répondre à toutes les objections soulevées par le projet du tunnel.

Aussi, dès le 24 avril 1895, l'Administration des eaux et forêts autorisait-elle l'exécution du travail, et allouait-elle un crédit de 103,912 fr. 48. Aux adjudications générales du 1er juin suivant, M. Gilbert Planche fut déclaré entrepreneur, moyennant un rabais de 30 p. 100, ce qui portait à 72,738 fr. 74 le montant de la dépense.

Étant donnée la pente de 20 p. 100 du tunnel, il n'était guère possible de commencer le percement par les deux extrémités; du côté d'amont, on eût été obligé de remonter les déblais, ce qui aurait été fort onéreux. Il fallait donc, de toute nécessité, attaquer d'abord par l'orifice aval. Mais, ce point étant situé en pleine falaise à 30 mètres au-dessus du chemin forestier, il était nécessaire d'ouvrir une nouvelle voie d'accès permettant aux mineurs et aux terrassiers d'aborder la surface à exploiter. Un embranchement de 127 mètres de longueur, avec une pente de 15 p. 100, fut greffé sur l'ancien chemin de 1891.

Ce travail exigea 403 journées de manœuvres et de mineurs. Naturellement, on fit d'abord une piste très étroite permettant aux ouvriers du tunnel de gagner leur poste, puis cette piste fut élargie progressivement.

Après avoir essayé de la poudre comprimée, l'entrepreneur adopta définitivement la dynamite.

Les chantiers furent organisés dès le 20 juin 1895; ils comprenaient, au début, en moyenne et par jour, 4 manœuvres, 5 mineurs, 1 forgeron, 1 surveillant.

Pendant les premières semaines, il fallut bâtir un abri pour recevoir la forge et deux poudrières, et en même temps donner le passage dans le roc.

Ce n'est que pendant la semaine du 22 au 27 juillet que commença le percement de la galerie. Comme d'habitude, dans ces sortes de travaux, les mineurs attaquèrent la partie près de la voûte et ils ouvrirent un trou de 3 mètres de largeur sur 2 de longueur; de cette façon, 3 mineurs pouvaient travailler côte à côte. Au 31 août, cette galerie d'avancement n'avait atteint qu'une profondeur de 12 mètres.

Cette lenteur exceptionnelle dans l'exécution tenait à plusieurs causes : d'abord à la difficulté d'accès, qui retardait beaucoup les ouvriers et empêchait d'apporter des brouettes ou des wagonnets pour l'enlèvement des déblais qui ne pouvait se faire qu'à la pelle, et, en second lieu, à la situation même de l'orifice aval débouchant dans un couloir rocheux où les chutes de pierres étaient des plus fréquentes. Enfin, les mineurs n'étaient pas encore familiarisés avec l'exploitation des schistes ardoisiers, et ne connaissaient pas encore la manière la plus favorable de disposer et de charger les mines, afin de produire le maximum de déblais.

Mais, à partir du 31 août, toutes ces causes de ralentissement disparaissent successivement; le chemin s'élargit, les ouvriers, enfoncés plus avant dans la montagne, ne sont plus exposés à être surpris par des pierres, et ils connaissent mieux leur travail. Aussi, dans la seule semaine du 2 au 7 septembre 1895, la galerie d'avancement passe-t-elle de 12 à 18 mètres, progressant de 1 mètre par jour.

Le 14 septembre, le chemin d'accès est terminé, l'entrepreneur fait monter une voie Decauville de 0 m. 60 d'écartement, ainsi que des wagonnets-caisses pour le transport des déblais. Au 30 septembre, la *strousse* ou équipe d'avancement est à 35 mètres de l'ouverture; la distance est suffisante pour que des équipes d'élargissement puissent s'installer en arrière, de manière à donner à la galerie sa section normale. Tous les déblais sont jetés dans le torrent, qui en entraîne au fur et à mesure une certaine quantité.

Pour faciliter l'enlèvement rapide des déblais, M. Planche fait établir dans la galerie une voie Decauville avec croisement au milieu de la distance séparant le point d'attaque du bord de l'à-pic. Une poulie avec frein reçoit un câble dont chaque extrémité s'attache à un wagonnet de 1 mètre cube. Aussitôt qu'un wagon est plein, il descend, après desserrage du frein, jusqu'à l'orifice, où des ouvriers le font basculer; mais, en descendant, il a fait remonter par son poids un wagon vide qui va recevoir et transporter de nouveaux déblais. Une des photographies représente l'intérieur de la galerie; à ce moment, on voit les manœuvres poussant un wagon qu'ils viennent de vider jusqu'à la gare, où il doit être accroché au câble qui le fera remonter.

Pour ne pas perdre de temps, deux équipes sont organisées : l'une travaillant de 6 heures du matin à 6 heures du soir, l'autre de 6 heures du soir à 6 heures du matin, avec 1 heure de repos pour les repas de midi et de minuit. Aussi, au 30 novembre, le carnet d'attachement accuse-t-il, pour l'avancement, une longueur de 65 mètres et une de 45 mètres pour l'élargissement.

Le travail avance avec une vitesse très variable suivant la nature de la roche. Rencontre-t-on du schiste ardoisier relativement tendre, on progresse parfois de plus de 1 m. 50 par jour. Mais si l'on se heurte à un banc de grès, c'est avec beaucoup de peine qu'on atteint 0 m. 50. Les burins et les barres à mines s'émoussent ou se brisent après quelques coups de masse, surtout si la trempe est trop vive.

Maintenant que l'on est entré profondément dans la montagne, un nouvel inconvénient se fait sentir : le défaut de renouvellement de l'air. Malgré la large section de l'ouverture, après les explosions des mines, les gaz nitreux produits par la combustion de la dynamite s'échappent avec beaucoup de difficulté, principalement les jours de mauvais temps. Bien que les décharges aient lieu au moment des repas, qu'il y ait une heure de repos pendant laquelle l'aération peut se faire, les ouvriers n'en sont pas moins incommodés.

L'hiver aussi contribue à rendre plus dangereux l'accès du chantier; la passerelle en bois jetée en 1891 sur le Saint-Julien, et reliant les deux tronçons de chemin de rive droite et de rive gauche, a disparu dès 1892, enlevée par un éboulement partiel du versant de Montdenis, qui exhausse le lit de plus de 9 mètres. On est obligé de traverser le torrent, et c'est chose fort dangereuse, quand la gelée l'a converti en une surface glacée, inclinée.

La construction d'une passerelle est décidée pour la somme de 1499 fr. 90. Pour la mettre à l'abri d'une mésaventure pareille à celle de 1892, cette passerelle est établie à l'aide de câbles solidement amarrés aux deux berges et ils doivent supporter le tablier avec de petites tringles en fer.

Dès le 22 décembre 1895, elle est livrée à la circulation.

Pendant sa construction, le 5 décembre précédent, un nouvel éboulement emporte encore une partie du chemin. Malgré cela, la situation au 1er janvier 1896 donne 73 mètres pour l'avancement, 62 mètres pour l'élargissement.

Les premiers jours de janvier sont marqués par une pluie chaude et le dégel; aussi survient-il un glissement du versant de Montdenis, en même temps que, de la falaise où l'on ouvre le tunnel, se détache un bloc énorme qui tombe précisément sur la passerelle, en rompt les câbles et en brise les tringles. Un des fers en forme d'U, de 0 m. 07 de diamètre, scellé au soufre dans le rocher et servant de point d'attache à l'un de ces câbles, est complètement ouvert; l'autre, de même force, est brisé net.

Il semble que les ébranlements incessants donnés au massif

rocheux par les mines n'ont pas été étrangers à ces chutes de pierres.

Le 29 janvier, un nouvel effondrement du plafond du chemin, près du lacet, est à enregistrer. Malgré cela, comme il reste suffisamment de câble sain, on rétablit une passerelle un peu plus en amont, en utilisant tous les débris de l'ancienne : les tringles, les fers de support ont été redressés, quelques-uns remplacés; le 19 février, tout est terminé.

Dès le 8 février, l'avancement est de 100 mètres et l'entrepreneur décide de commencer l'attaque par l'amont. Deux mineurs et leurs servants, montés sur des échelles à 7 mètres au-dessus du torrent, donnent les premiers coups. Bien entendu, on ne fera pas d'élargissement de ce côté; il suffirait d'une crue du Saint-Julien pour noyer le chantier et déterminer peut-être la mort des ouvriers.

Au 10 mars, il faut mentionner une chute de rochers près l'ouverture aval du tunnel, qui emporte le chemin et une partie de la voie Decauville.

Malgré tous ces obstacles et tous ces dangers, le travail est poussé activement. On compte, le 1er mai 1896, 173 mètres à l'avancement (dont 40 mètres à l'amont), et 123 mètres d'élargissement. Enfin, le 2 juin au soir, l'inspecteur adjoint à Chambéry, agent directeur du travail, en tournée à Saint-Julien, fut avisé que le percement était fait : une barre à mine avait traversé la paroi rocheuse séparant les deux chantiers.

Pendant toute la nuit, les équipes travaillèrent avec rage, et le 3 juin au matin, une ouverture de la dimension d'un homme permettait le passage. Il fut alors constaté que les deux attaques avaient été menées avec une précision telle, qu'il n'y avait aucune rectification, aucune retouche à opérer. La longueur de section normale était de 144 mètres.

A cause de la différence de niveau considérable qui existe entre les deux extrémités du tunnel, il se produisait un très violent appel d'air, et les mineurs ne pouvaient conserver leurs lampes allumées devant l'orifice. On établit donc provisoirement une clôture pour supprimer cet appel d'air par trop vif, mais qui avait au moins l'avantage de dissiper, en quelques minutes, les vapeurs nitreuses devenues, en dernier lieu, de plus en plus gênantes.

Enfin, le 8 août 1896, tout le tunnel avait sa section normale de 44 mètres carrés. Ce même jour, à 10 heures du matin, la levée de terre qui protégeait contre une crue l'entrée amont du souterrain fut enlevée rapidement. Les eaux se précipitèrent en grondant dans le nouveau lit qui leur était offert et vinrent regagner leur ancien chenal, à 202 mètres plus loin, en se précipitant d'une hauteur verticale de 83 mètres.

M. Daubrée, conseiller d'État, directeur des eaux et forêts, vint sur place, le 30 août 1896, reconnaître le travail. La municipalité de Saint-Julien organisa, à cette occasion, un grand banquet auquel furent conviés M. le Directeur des eaux et forêts, ainsi que M. le Conservateur à Chambéry, et les agents du service du reboisement; M. le Préfet de la Savoie, MM. les sénateurs, députés et conseillers généraux de l'arrondissement de Saint-Jean-de-Maurienne, MM. les Ingénieurs des ponts et chaussées assistèrent à cette fête d'inauguration, qui eut dans tout le pays un retentissement considérable.

Aussitôt après commencèrent les travaux de construction d'un barrage en maçonnerie pleine, édifié dans la gorge rocheuse où coulait auparavant le Saint-Julien. Comme les matériaux de construction étaient très rares dans l'éboulement de Montdenis, on débita deux énormes blocs erratiques dans le lit du torrent, à 100 mètres environ en amont du barrage. La pierre était très dure, très compacte, et renfermait quelques traces de serpentine verte. Cette exploitation eut l'avantage d'approfondir le thalweg et de mieux encaisser le courant.

Ce fut le 19 novembre 1896 que fut posée la dernière pierre du couronnement du barrage.

Du 20 juin 1895 au 19 novembre 1896, il y a eu 12,212 journées d'ouvriers se répartissant ainsi[1] :

Manœuvres et terrassiers	3,867 journées.
Mineurs	6,726
Maçons	186
Tailleurs de pierres	108
Charpentiers	4
Forgerons	487
Surveillants	864
TOTAL	12,212

A ce total, il convient d'ajouter pour les transports de chaux, de sable, de moellons, etc., 42 journées de mulet.

En même temps que s'exécutait le travail de dérivation du torrent de Saint-Julien, on établissait, pendant l'été 1896, un réseau complet de drainages dans l'éboulement de Montdenis.

Les drains étaient de deux sortes :

Ceux de premier ordre avaient les dimensions moyennes suivantes : profondeur, 2 mètres; largeur au fond, 1 mètre; largeur en gueule, 1 m. 50.

Quant aux drains de deuxième ordre, sillonnant la surface du terrain et destinés seulement à recevoir les eaux atmosphériques, soit directement, soit après un ruissellement de faible durée, ils avaient comme dimensions correspondantes : profondeur, 1 mètre; largeur au fond, 0 m. 50; largeur en gueule, 0 m. 70.

La façon dont s'exécutent ces drains est des plus simples : une fois la fouille ouverte, on établit au fond un petit pavage en forme

[1] Il résulte donc des renseignements tirés des carnets d'attachement que la galerie souterraine seule a coûté 67,842 fr. 93, soit à peu près 336 francs par mètre courant. Par conséquent, malgré des difficultés et des dangers de toutes sortes, le prix du mètre cube n'a été que de 7 fr. 60, en tenant compte des faux frais, surveillance, travaux divers imprévus; et si on néglige les dépenses accessoires, le prix du mètre courant ne ressort qu'à 276 fr. 50 et celui du mètre cube qu'à 6 fr. 24.

de cuvette, dont la flèche est à peu près le dixième de la longueur de corde. Par-dessus ce pavage on dispose deux pierres plates et longues, s'appuyant l'une sur l'autre suivant leur plus grande dimension, de manière à faire un V renversé. Entre les parois du fossé et les dalles, on dispose de gros cailloux, puis on achève de remplir à l'aide de pierrailles de différentes grosseurs. Grâce à ce procédé, on n'a pas à craindre que, sous de faibles mouvements, la terre vienne à s'ébouler; d'autre part, la colonne de pierres ayant beaucoup de vides permet aux filets d'eau de gagner rapidement la cuvette inférieure, où la pente est considérable, car, en général, les drains de premier ordre suivent les thalwegs des ravins principaux, tandis que ceux de deuxième ordre sont ouverts suivant les lignes de plus grande pente locale.

Il a été exécuté en 1896 :

En drains de premier ordre....................	1,494 mètres.
En drains de deuxième ordre..................	3,862

En outre, dans l'ancien lit du torrent, au point n° 66 du profil en long, a été construite une baraque-abri destinée aux agents et aux surveillants forestiers.

A la suite d'un tassement général de l'éboulement de Montdenis, survenu au printemps 1897, un certain nombre de drains furent détruits. Les études et les observations faites pendant l'été suivant permirent de déterminer nettement les causes de cet accident.

1° L'ancienne berge du torrent avait conservé un talus trop raide après la dérivation du Saint-Julien, et elle devait tendre à prendre une pente moins forte correspondant à la nature du terrain, pente qui s'est trouvée d'autant plus faible que le versant de Montdenis présentait à cette époque un état d'humidité extrême;

2° Le réseau de drains n'avait pas été suffisamment serré, ni exécuté assez profondément.

L'hiver 1896-97 ayant été particulièrement doux et pluvieux, les eaux atmosphériques très abondantes avaient pu pénétrer en terre sans être captées, et avaient dilué la masse solide. D'autre part, certaines infiltrations internes avaient échappé à l'action des drains de premier ordre.

Aussi, en 1898, ceux des anciens drains qui n'avaient que peu d'avaries ont-ils été réparés et mis en état de servir ; en même temps, des drains nouveaux, très profonds, sont allés capter au cœur même de l'éboulement les eaux souterraines qui eussent pu déterminer d'autres glissements.

L'ancien lit du torrent reçut un drain puissant, servant de collecteur presque à tous les autres, et capable de faire écouler très rapidement un volume liquide considérable.

Dans la gorge rocheuse, en aval de l'éboulement, un puissant barrage en maçonnerie mixte, fondé à droite et à gauche dans le roc, reposant sur une voûte, est venu donner un pied très fixe à l'éboulement, et empêcher les boues et graviers d'arriver au torrent principal.

Depuis plus d'un an que ce travail complémentaire est terminé, on n'a plus constaté le moindre mouvement du sol; au printemps dernier, aucun drain n'était rompu, et on peut aujourd'hui, sans aucune exagération, considérer l'éboulement de Montdenis comme définitivement fixé.

CHAPITRE IV.

PHÉNOMÈNES SURVENUS APRÈS LA DÉRIVATION DU TORRENT.

I. GLISSEMENT DU VERSANT DE MONTDENIS.

Après l'exécution du tunnel et du barrage de dérivation du torrent de Saint-Julien, après l'établissement d'un réseau de drains dans l'éboulement de Montdenis, il semblait que tout était dit, et qu'il ne restait plus, pour compléter la fixation du sol, qu'à y introduire la végétation forestière.

Aussi, dès 1895, avait-on établi une pépinière au milieu de l'éboulement de Montdenis, à plus de 50 mètres du bord des arrachements. Les jeunes plants de pin sylvestre et d'épicéa eussent été utilisables à l'automne 1897.

Mais, ainsi que nous l'avons dit plus haut, l'hiver 1896-1897 fut extrêmement humide et doux. Les gelées furent très rares, et la neige, en tombant, se déposait sur un sol tout détrempé que rien ne venait raffermir. Les eaux de fusion, en pénétrant la masse de terre, lui donnaient une consistance pâteuse très favorable au glissement.

Si l'on observe que le torrent de Saint-Julien, par suite d'un affouillement incessant, avait des berges fort raides, inclinées parfois à plus de 1/1, on peut imaginer aisément que le sol coupé presque à pic avait une tendance à reprendre sa pente naturelle. D'ordinaire, ce phénomène se produit peu à peu, par des écrêtements successifs du bord supérieur de l'arrachement. Au bout d'un temps plus ou moins long, l'ancien lit, comblé par ces débris, se serait trouvé suffisamment exhaussé, et tout le versant serait devenu stable.

Malheureusement, les circonstances atmosphériques continuaient à être extrêmement défavorables, et l'excès d'humidité enlevait au sol toute cohésion. Déjà, à l'arrière-automne, quelques mouvements s'accusèrent au pied de l'éboulement de Montdenis : une petite rigole pavée faisant suite à un drain se disloqua et disparut. Pendant la mauvaise saison, les tassements ont dû se continuer.

Les drains, trop peu rapprochés, et laissant ainsi pénétrer une certaine quantité d'eau dans les terres, se sont trouvés rompus par le glissement général : les filets liquides qu'ils emmenaient vers le thalweg, rencontrant des brisures, s'y sont perdus et sont venus joindre leur action dissolvante à celle des pluies, des neiges et des infiltrations souterraines.

Le 6 avril 1897, la neige est tombée en grande quantité pendant toute la matinée; vers midi, la température s'est légèrement réchauffée, et un mélange de pluie et de neige a déterminé la fusion de la neige du matin. A peu près à 2 heures du soir, des craquements sourds furent entendus par des ouvriers travaillant dans la carrière de M. Laurent Girard, au-dessous du tournant du chemin forestier. Ces ardoisiers sortirent, et il s'en fallut de fort peu qu'ils ne fussent bloqués par une énorme coulée de matériaux qui fluait dans la gorge. Tout le versant de Montdenis, partant en masse, était venu s'appuyer contre la montagne opposée.

Vers la baraque forestière, construite en terrain solide, l'extrémité de l'éboulement, s'appuyant sur un massif rocheux stable, s'avança de plus de 10 mètres et vint heurter la porte. Le niveau du remblai se trouva bien supérieur à celui de l'ancien lit; aussi, les eaux superficielles du versant, celles amenées par un drain transporté avec la masse entière ne trouvant plus d'écoulement, formèrent un lac qui remontait vers le barrage de dérivation, et recouvrit de 0 m. 30 environ le plancher de la baraque.

Au détour du chemin, il se produisit également un dos d'âne, à 21 m. 50 au-dessus du thalweg primitif; ici encore un lac très important occupa l'espace compris en amont.

Naturellement, on ne pouvait laisser subsister ces poches, qui, par des infiltrations, eussent pu amener une débâcle et produire une lave fort dangereuse : des saignées rapidement exécutées les asséchèrent. En 1898, un grand drain, profond de 4 mètres, ayant son origine près de la baraque forestière, fut établi dans tout l'ancien lit et assainit complètement le pied du versant.

Pendant le mois d'avril et une partie du mois de mai 1897, les eaux suintaient avec abondance du versant de Montdenis ; n'ayant plus aucun lit, elles se mirent à remanier les matériaux d'éboulis et à les entraîner jusqu'au torrent de Saint-Julien. Aujourd'hui un petit ravin s'est formé, à large section, sauf dans la partie haute, où les berges sont encore fort escarpées. Les eaux qui le constituent proviennent toutes des drains. Par suite, il sera possible dans quelque temps, lorsque, par l'effet du décapage superficiel, le profil en travers sera devenu moins aigu, de fixer définitivement le lit de ce ravineau à l'aide de petits ouvrages rustiques, et d'empêcher ainsi tout affouillement à l'avenir.

D'après les données qui précèdent, on peut imaginer aisément l'importance de la lave qui se serait certainement produite le 6 avril si le Saint-Julien eût encore coulé dans son ancien lit. Le torrent, barré par l'éboulement, eût reflué, en formant un lac en amont, et, au bout d'un temps plus ou moins long, la masse liquide eût fini par emporter, sous l'effort direct de sa pression ou par infiltrations au milieu de matériaux meubles et détrempés, le seuil qui s'opposait à son écoulement. Cette débâcle eût transporté dans la vallée un volume considérable de terres et de boue qu'il est impossible d'estimer ; il est bien évident, en effet, que si la masse de 175,000 mètres cubes qui occupait le lit avait disparu, le glissement de tout le versant de Montdenis, complètement détrempé et réduit en boue liquide, se fût continué.

Aussi, les habitants de Saint-Julien sont-ils unanimes à reconnaître que, sans la dérivation du torrent, le bourg, le village du Cottard et les cultures du cône de déjections eussent été perdus à tout jamais.

II. CRUES DU TORRENT (1897-1899).

1897. — Le 21 août 1897, à la suite d'une série de pluies prolongées et violentes, tous les cours d'eau de la région subirent des crues importantes. Le Saint-Julien, particulièrement, débita une masse liquide considérable. Ses eaux troubles arrivèrent dans le tunnel à peu près jusqu'au niveau de la plaque de marbre fixée dans la paroi gauche, à l'orifice aval. Cette plaque se trouve environ à 3 mètres au-dessus du fond du chenal.

Étant donnée la pente de la galerie, on peut évaluer à 400 mètres cubes environ par seconde le volume d'eau qui est passé au moment du débit maximum.

Si l'on avait adopté une correction à l'aide de barrages, on peut se demander quel eût été l'effet produit par l'écoulement prolongé d'une pareille quantité d'eau, et, si aucun travail n'avait été exécuté, on eût certainement vu se produire une lave égale en intensité à celles du 20 juillet 1871 et du 24 juillet 1872.

Le seul effet produit par cette crue à été d'enlever presque tous les matériaux provenant de l'ouverture du tunnel et de creuser légèrement le lit dans la gorge et dans la partie supérieure du cône de déjections.

L'été 1898 fut marqué par une sécheresse à peu près persistante et on n'a relevé aucune crue notable pendant cette année.

1899. — Jusqu'au 2 août 1899, le torrent de Saint-Julien ne présente pas de phénomène marquant. Grossi comme d'habitude lors de la fonte des neiges, le débit diminue de plus en plus à mesure que s'avance l'été. Mais le 2 août 1899, après une chaleur accablante, un orage éclate et franchit au col du Bonhomme la crête qui va du Perron des Encombres à la Croix des Têtes. Une pluie abondante mêlée de grêle s'abat dans les bassins de réception des ruisseaux des Essarts et de Glézy. En un moment, les eaux se précipitent, entraînant de menus graviers et des pièces de bois provenant d'une coupe de la forêt communale, et se rassemblent dans le lit du Saint-Julien.

Dans la traversée des boucles rocheuses, en amont du barrage de dérivation, les arbres s'arrêtent, et seule l'eau s'écoule. Après avoir franchi la cascade du tunnel, les filets liquides très clairs attaquent les déjections anciennes qui constituent le lit du torrent. Bientôt, un petit chenal est creusé, qui va s'agrandissant sans cesse et atteint rapidement de 15 à 20 mètres de profondeur.

L'affouillement se continue de proche en proche jusqu'au pont de Saint-Julien, et finalement tous les matériaux sont entraînés jusqu'à la route nationale et jusqu'à l'Arc.

Malgré la pluie diluvienne qui est venue détremper sa surface, l'éboulement de Montdenis n'a pas accusé le moindre mouvement; les drains déversaient à flot les eaux atmosphériques recueillies, qui sortaient un peu troubles du fait des menues parcelles terreuses dont elles s'étaient chargées dans leur traversée du sol.

Mais on n'eut à constater aucune crevasse ni aucun tassement.

La preuve est donc faite que l'éboulement de Montdenis est définitivement fixé.

CHAPITRE V.

CONDITIONS NÉCESSAIRES POUR QUE L'ON PUISSE CORRIGER UN TORRENT PAR DÉRIVATION. — DÉTAILS D'EXÉCUTION.

La correction d'un torrent par dérivation est toujours exceptionnelle. Il faut, en effet, pour qu'elle soit applicable, le concours d'un certain nombre de circonstances particulières qui peuvent se réduire à trois:

1° Un lit à pentes très fortes;

2° Une berge en mouvement, affouillée par le torrent, qui détermine alors des tassements pouvant se répercuter jusqu'au sommet d'un versant;

3° L'autre berge constituée par des roches dures et compactes.

Comme on l'a vu plus haut, ces trois conditions se trouvaient complètement réalisées au Saint-Julien, et la disposition même du terrain était des plus heureuses pour l'exécution d'un tel travail. A l'amont et à l'aval, le torrent était enserré dans des gorges rocheuses très étroites, redressées à angle droit sur la direction générale du pied de l'éboulement de Montdenis.

La rive gauche, solide, formait donc une sorte de bastion avancé qui se terminait vers l'aval par des escarpements permettant de donner au canal de dérivation telle inclinaison qu'il plaisait de choisir.

De plus, l'ouverture d'une galerie souterraine n'avait rien de bien effrayant, dans une région où de nombreuses usines électrochimiques ont fait creuser, dans le sein des montagnes, des galeries dont la longueur dépasse souvent 1 kilomètre.

Enfin, la dérivation était le moyen non seulement le plus absolu, le plus rapide de corriger le torrent, mais aussi le plus économique.

Il a été démontré au chapitre II que ce travail était forcément moins onéreux que la création d'un encorbellement, par suite :

1° De l'adoption d'un tracé plus court;

2° De la suppression de l'exploitation d'un volume de roc beaucoup plus considérable par mètre courant.

Il convenait aussi de ne pas multiplier les maçonneries, car, dans tout le versant de Montdenis, c'est à peine si l'on a trouvé la pierre nécessaire à la construction des deux barrages établis l'un à l'amont, l'autre à l'aval de l'éboulement, et à l'édification de la baraque forestière.

Chaque fois donc que se trouveront réunies dans un torrent les trois conditions précitées, on pourra voir s'il n'est pas avantageux d'essayer une correction par dérivation. Mais il importe, avant d'exécuter le travail, de faire un grand nombre d'observations pour déterminer le débit maximum, et, partant, la section de la galerie, et pour savoir dans quelle mesure peuvent varier le profil en long et les profils en travers.

La berge solide doit également être l'objet d'un minutieux examen, attendu qu'il importe d'être renseigné sur la manière dont se comportera la roche lorsqu'elle sera lavée incessamment. Si la galerie risque d'être obstruée par des bois, des blocs, si la voûte menace de s'ébouler, on est amené soit à donner un débouché hors de proportions avec le volume liquide à évacuer, soit à établir des revêtements en maçonnerie de pierre de taille, toujours excessivement onéreux.

Il pourra également se faire que le profil de la berge rocheuse soit peu favorable à l'établissement d'une galerie rectiligne ; dans ce cas, le tracé à adopter affectera une forme très variable : tantôt ce sera une courbe unique et continue qui joindra les deux orifices; tantôt ce sera un cheminement mixte formé d'alignements droits et courbes ou bien de courbes diverses successives. Il sera nécessaire, dans cette hypothèse, d'adopter des courbes à rayon suffisamment grand et d'avoir des raccordements tangentiels; autrement, les filets liquides lancés suivant une pente un peu forte viendront ronger la paroi opposée au centre, ou le pied-droit formant un angle avec la direction primitive de la galerie, et détermineront des effondrements de la voûte.

Après la discussion technique, il restera à examiner le côté économique du travail. Il peut arriver qu'une autre solution moins rapide, moins sûre peut-être, doive être acceptée de préférence.

Malheureusement, quand on se propose d'effectuer des ouvrages de correction dans un torrent, on ne trouve presque jamais de documents antérieurs sur le débit maximum du cours d'eau. Bien heureux quand il existe, comme à Saint-Julien, un pont reliant deux longues digues, et que l'on peut savoir à peu près quelle hauteur a pu atteindre l'eau dans une crue considérable. Les archives municipales se bornent toujours à relater les dégâts commis et à solliciter l'intervention des pouvoirs publics.

On n'a pas davantage de renseignements sur les quantités d'eau qui peuvent tomber dans un bassin de réception, non plus que sur les versants et les points les plus sujets aux orages.

Il serait donc désirable et nécessaire que des études hydrométriques sérieuses fussent faites pendant un certain nombre d'années dans les divers torrents englobés dans les périmètres de restauration.

En même temps, on pourrait observer la nature des phénomènes torrentiels, les mouvements du sol, et, une fois muni de tous ces documents, on pourrait se mettre à l'œuvre et entamer hardiment les travaux de correction.

Mais il arrive trop souvent que des populations menacées viennent offrir leurs terrains à l'Administration. Bon gré, mal gré, il faut faire quelque chose; il faut construire des barrages, en se basant sur ce que l'on a vu du torrent pendant la période des pourparlers. Peut-on agir autrement ?

Supposons maintenant un projet de dérivation établi et approuvé.

Il reste à l'exécuter. La première opération à faire, si la galerie est rectiligne, ce que nous supposerons toujours désormais, c'est de tracer son axe. Pour cela, on part de repères fixes, et avec des cheminements exécutés au tachéomètre, on détermine l'orientement exact de la ligne qui joint les points d'attaque amont et aval. Autant que possible, ces points ont été marqués de façon très apparente, soit au minium sur le rocher, soit à l'aide d'une balise.

Cela fait, on cherche au-dessus du massif rocheux où doit s'ouvrir le souterrain un point placé dans le plan vertical passant par l'axe, et d'où l'on puisse apercevoir la rive opposée du torrent, à l'amont et à l'aval. Avec le tachéomètre, dont la lunette oscille dans le plan vertical passant par l'axe du tunnel, on fait planter dans ce plan deux jalons sur cette rive, l'un à l'amont, l'autre à l'aval. Un troisième jalon remplace le tachéomètre, et on a ainsi une droite marquée par trois points qui détermine la direction générale de la galerie.

Il reste à déterminer son inclinaison ; le tachéomètre est alors placé à une des extrémités du souterrain, l'axe de la lunette décrivant le plan d'axe du tunnel ; l'éclimètre est fixé sur l'angle dont la tangente donne l'inclinaison cherchée, et on détermine sur la rive opposée un nouveau point, dans le même plan que les trois premiers.

Une indication au minium, ou une balise est placée si c'est possible en ce point, sur lequel le chef mineur devra vérifier chaque jour la direction.

A partir de ce moment, il n'y a plus qu'à laisser agir l'entrepreneur. Il est avantageux, pour la sortie des déblais, de se servir de voie Decauville, et d'organiser un va-et-vient, comme il a été fait à Saint-Julien.

Si la galerie projetée doit présenter une certaine longueur, et que l'épaisseur de la paroi rocheuse entre la surface externe de la montagne et le tunnel ne soit pas trop forte (20 à 25 mètres au plus), il convient d'organiser des attaques latérales. Des boyaux de décharge, perpendiculaires à la direction générale, sont menés depuis la berge rocheuse du torrent jusqu'à l'axe futur. En ce point, deux équipes d'ouvriers sont installées dos à dos, et avancent en minant suivant l'inclinaison et l'orientement du souterrain, l'une vers l'amont, l'autre vers l'aval. Naturellement, les déblais sont sortis par cette galerie d'attaque. L'avantage de ce mode de procéder est évident; il abrège de beaucoup la durée des travaux, et, après rencontre avec les équipes des fronts principaux, il donne une aération plus active, qui dissipe rapidement la fumée âcre des mines et abaisse la température souvent assez élevée.

Ces derniers inconvénients sont tels, que parfois des ouvriers sont obligés d'abandonner momentanément les chantiers, principalement quand on se sert de dynamite. Dans ces conditions, on doit inviter l'entrepreneur à installer un ventilateur. Il suffit souvent d'un petit appareil à bras que manœuvrent deux hommes; mais, si le travail doit avoir encore une certaine durée, il est plus avantageux d'actionner mécaniquement le ventilateur. Une roue grossière établie à proximité, une gargouille en bois pour amener de l'eau, c'est tout ce qu'il faut pour donner la force nécessaire au fonctionnement du ventilateur.

Pendant les travaux, l'orifice amont doit toujours être protégé contre les incursions possibles du torrent. Le mieux est de n'exécuter de ce côté qu'une seule galerie d'avancement immédiatement au-dessous de la voûte. On se trouve ainsi à une certaine hauteur au-dessus du lit, partant, à l'abri des crues ordinaires.

CONCLUSIONS.

La correction d'un torrent par dérivation en galerie est assez rare.

En Suisse, elle a été appliquée avec plein succès à la Rabiosa, affluent de la Plessin, au-dessous de l'établissement thermal de Passugg, près Coire, dans les Grisons.

Mais la dérivation n'est que partiellement souterraine, le reste est en encorbellement.

En France, le travail du Saint-Julien est, croyons-nous, encore unique en son genre. Les résultats absolus, complets, qu'il a permis d'obtenir à fort peu de frais, permettent d'espérer que cette méthode de dérivation, jusqu'à présent restée plutôt dans le domaine de la théorie, pourra entrer en pratique.

Par sa facilité d'exécution et par la rapidité de ses effets, elle se recommande à tous ceux qui ont à se préoccuper de près ou de loin de l'extinction des torrents et de la restauration des terrains en montagne.

Phototypie Berthaud, Paris

1. — Torrent de St-Julien. Bassin de réception du torrent de St-Julien.

II. — TORRENT DE ST-JULIEN. Partie inférieure du glissement de Montdenis.

III. — Torrent de St-Julien. Entrée du tunnel vue de l'intérieur.

IV. — TORRENT DE ST-JULIEN. Passerelle forestière sur le torrent de St-Julien.

V. — Torrent de St-Julien. Vue du débouché aval du tunnel.

VI. — Torrent de St-Julien. Emplacement du barrage de dérivation.

www.ingramcontent.com/pod-product-compliance
Ingram Content Group UK Ltd.
Pitfield, Milton Keynes, MK11 3LW, UK
UKHW020443230726
13925UKWH00004B/1791